Cultiva Algas para Sacar Ganancia:

Cómo Construir un Fotobiorreactor de Cultivo de Algas para Proteínas, Lípidos, Carbohidratos, Antioxidantes, Biocombustibles, y Biodiesel

Por Christopher Kinkaid

Spanish Translation:

por Dr. Lisandro C. Vazquez Hernandez

http://www.algaetoday.com

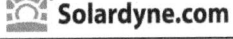
Solardyne.com

Published by Solardyne, LLC
Portland, Oregon

ISBN-13: 978-1500584306
ISBN-10: 1500584304

Índice

Prefacio

Las Algas son un milagro de la Naturaleza. Ricas en Aminoácidos, Proteínas, Lípidos, Carbohidratos, Antioxidantes, Ficobiliproteínas, y otros productos de gran valor, loas algas se han convertido en una nueva reserva alimentaria a través de las industrias.

Este Book describe cómo construir su propio Fotobiorreactor para cultivar especies puras de algas (grupos taxonómicos).

Las Algas son "motores" de la Tierra para combustionar la cadena alimentaria. Como un "productor primario", responsable de cerca de la mitad del oxígeno que se produce en la Tierra, el potencial de las algas está siendo comercializado para producir productos orgánicos de valor. Construya su propio kit de cultivo Fotobiorreactor (FBR), para cultivar cepas de algas de valor, y acaricie a la Industria Algal en rápido crecimiento.

El cultivo de algas es fiable y repetible con el Kit de Fotobiorreactor de Cultivo de Algas para una fotosíntesis controlada. Se cultiva hasta Cuatro diferentes grupos algales usando 4 kits recipientes de cultivo de algas tasado a 80 Litros de capacidad total.

Completado con sistemas óptico, mecánico, eléctrico, neumático y biológico, los Fotobiorreactores aportan control total. Cultivando monocultivos de algas el kit de los Fotobiorreactores es muy útil para investigadores, desarrollistas, compañías, universidades, y para todos aquellos que necesitan cultivar los monocultivos de algas con pureza y mínimos costos de construcción.

Las algas producen aminoácidos de gran valor, proteínas, carbohidratos, y aceites esenciales (lípidos) consumiendo como nutrientes la polución crecida en el agua. Las especies de algas, cultivadas en su kit de crecimiento FBR, permiten a los investigadores palpar la enorme productividad de las algas, aptas para doblar su masa en 24 horas bajo una fase de crecimiento exponencial. Los investigadores de alga, trabajan para desarrollar protocolos de incremento de su producción.

El crecimiento de algas convierte el agua, compuestos inorgánicos (CO_2), y la radiación solar en moléculas orgánicas valiosas. Este Book está escrito como un recurso para la construcción de su propio Fotobiorreactor para un valioso crecimiento de cepas de algas.

Y para los investigadores, este eBook está escrito cómo un recurso para construir un efectivo biorreactor, tasado a 80 Litros, para el crecimiento de monocultivos de algas. Aislado de la contaminación, estos Fotobiorreactores le ofrecen al investigador total control sobre todas las entradas y condiciones termodinámicas, para desarrollar un monocultivo específico de cepa de alga.

Cultiva Algas para Ganancia, usando Fotobiorreactores, para producir cantidades útiles de especies puras (grupos taxonómicos). Cultive Biomasa de Algas, para vuestros experimentos, o para vender, con este Fotobiorreactor fácil de construir.

Acerca del Libro

Este Book está escrito cómo un recurso para construir su propio Fotobiorreactor (FBR), para Crecimiento y Cultivo de Algas.

Su Fotobiorreactor puede ser construido con equipamiento de laboratorio listo y disponible en Almacenes para Fabricación de Cervezas, y de otros vendedores. Utilice Recipientes de Vidrio, tubos de ensayos no tóxicos, y otros elementos esenciales, disponibles en almacenes locales de equipamiento, para construir su FBR.

El Capítulo Uno trata sobre el panorama general del cultivo de algas. Las especies acuáticas tienen requerimientos particulares. Las algas son muy robustas pero muy delicadas en sus condiciones preferentes. El Cultivador de Algas puede usar Fotobiorreactores (FBR) para controlar el ambiente de crecimiento.

El Capítulo Dos repasa Diferentes especies de algas de interés tanto potencial cómo de valor sustancial para la industria de los cosméticos, alimentación de peces y animales, nutricionales, de antioxidantes y de biocombustibles. Incluye una lista de especies para su consideración.

El Capítulo Tres describe el equipamiento de su Fotobiorreactor (FBR) y una lista de partes componentes. El FBR contiene elementos de iluminación, estructura mecánica, una bomba de aire con sistema de filtros, con Curvas de Pastos, para detener cualquier contaminación. El kit de FBR usa Vidrio y tubería plástica de Grado Alimentario 100% para introducir aire dentro de los recipientes de crecimiento.

El Capítulo Cuatro cubre la Óptica Algal. Estando en un "Fotobiorreactor" las algas necesitan condiciones ópticas específicas para su crecimiento óptimo. En este Capítulo Cuatro se discuten varios "gatillos" y requerimientos que estimulan loas tasas de crecimiento de las algas y sus productos, desde una perspectiva de la óptica.

El Capítulo Cinco presenta la discusión de los requerimientos nutricionales de las algas. Como especie acuática, las algas y las diatomeas son altamente sensibles a los elementos disueltos en el agua, o a la carencia de estos. Los protocolos de crecimiento de algas permiten al investigador construir un "perfil de crecimiento" específico para cultivar una especie seleccionada (grupo taxonómico), y controlar los metabolitos producidos por las algas.

El Capítulo Seis está dirigido a la reserva de Algas para Biocombustibles. Las algas que presentan acumulación de aceite son grandemente deseadas. Influenciando sobre el ciclo de crecimiento de las algas para biocombustibles, o para almacenamiento de biodiesel, les permite a los investigadores desarrollar protocolos para maximizar la producción de lípidos.

El Capítulo Siete examina las técnicas de cultivo básicas para la medición de las Tasas de Crecimiento y de la producción de Biomasa Neta de Algas. Las algas en su etapa de cultivo, pasan a través de 5 fases esenciales. Aclimatación, Punto de Compensación, Fase de Crecimiento Exponencial. Saturación y Colapso. La manipulación de algas en cada punto de su curva clásica de crecimiento, da a los investigadores la habilidad de usarlos cómo "gatillos" de reacción para obtener una salida o resultado deseado.

El Capítulo Ocho analiza las Preguntas y Respuestas Frecuentes Acerca de los Fotobiorreactores, su construcción y operación. Resumen, procedimientos de mezcla, muestreo, mediciones, y cultivo y crecimiento de algas.

El Capítulo Nueve es una Guía Rápida para la construcción de su Fotobiorreactor. Paso a Paso el ensamblaje de su Estructura Mecánica, Los Recipientes de Crecimiento, Bomba de Aire, filtrado y los Sistemas de Iluminación.

Sobre el Autor

Christopher Kinkaid

Christopher (Toby) Kinkaid, originario de Portland, Oregón, es el fundador de **Solardyne.com**, **SolarQuote.com**, y de **AlgaeToday.com**, y ha trabajado en tecnologías de energías limpias por más de tres décadas.

Kinkaid, es el inventor del Generador Eólico de Eje Vertical "Helyx," el modulo solar FV concentrador "Mariposa Non-imaging" (operación continua en el Laboratorio Nacional de Sandia desde 1994), las lentes ópticas de concentración solar Demultiplexer (Dr. James/Sandia National Laboratory 1991), y es el inventor de un original paquete de energía solar "Solar Power Pack" (Mother Earth News, "Littlest Utility" Junio/Julio, 2001).

Asímismo, Kinkaid, ha sido un conferencista oficial y presentador de tecnologías de energías limpias en diversos eventos alrededor del mundo incluyendo "APEC," Bangkok, Tailandia, 2003, "Energy Solutions

World," Tokio, Japón, 2003, la Conferencia Internacional de Biomasa (IBC), 2010, Minneapolis, MN, y la Conferencia de la Organización de Biomasa Algal (ABO), 2010, Phoenix, AZ.

Christopher (Toby) Kinkaid, ha aparecido en interviews y entrevistas en KOIN TV, KGW TV, y en "Sustainable Today" producido en Oregón, y ha servido en el comité de directores para la Asociación Nacional del Hidrógeno de USA, en Washington D.C., 1993, la Compañía Japonesa de Comunicación por Satélite (JCNET), Fukuoka, Japón, 1994-95, y en Algaedyne Corporation, Preston, MN, 2010-2013. Kinkaid actualmente sirve como CEO de Solardyne, LLC en Portland, Oregón.

Kinkaid, actualmente está basificado en la Costa Oeste, donde continúa su trabajo como especialista en aplicaciones, desarrollo e investigaciones de Tecnologías Solares, Eólicas y de Biomasa

Introducción

Las algas son una fuerza natural. Toda la vida sobre la Tierra viene desarrollándose desde sus inicios a partir de los organismos unicelulares. Las algas son la base de la red alimentaria acuática, y son "motores" de oxígeno, y la base de la productividad nutricional de nuestro planeta. La mitad del oxígeno sobre la Tierra viene de los microorganismos algales. El intenso interés de la industria "Algal" está generado por las tasas de crecimientos increíbles, capaces de convertir la química inorgánica en algunas de las más valiosas moléculas orgánicas sobre la tierra.

Este Book está escrito para describir cómo se construye un fotobiorreactor (FBR) para el cultivo de algas y diatomeas. El Fotobiorreactor (FBR) descrito en este Book está diseñado y construido a partir de Recipientes de Vidrio y otro equipamiento, listo y disponible en almacenes y tiendas de Fabricación de Cervezas y compañías de suministro a laboratorios. Este Book incluye una Lista de Partes para la construcción de su propio Fotobiorreactor.

El Fotobiorreactor (FBR) permite a los investigadores cultivar todo los tipos de divisiones taxonómicas de algas:

Baciariophyta, Chrlorarchiniophyta, Chlorophyta, Cryptophyta, Cyanophyta, Dinophyta,

Euglenophyta, Glaucophytoa, Haptophyta, Herokontophyta, and Rhodophyta.

El cultivo de algas es lo último en el síndrome de "Golidlocks".

Las tasas de crecimiento de las especies acuáticas están dadas por un rango específico de condiciones que incluyen: pH, temperatura, CO_2 y O_2 disueltos, macro y micro nutrientes, iones metálicos específicos, vitaminas y fuentes de luz con Radiación Fotosintéticamente Activa (RFA).

Un fotobiorreactor es un ambiente controlado, que usted crea, para aportar el "dulce acto" del crecimiento de algas controlando y manipulando esas condiciones.

El FBR descrito aquí está basado en Recipientes de Vidrio, tubería alimentaria de grado No Tóxico, Curvas de Pasto, para impedir que cualquier elemento patógeno entre a sus recipientes de cultivo, bombas neumáticas, y filtros de 5 Micrones, los cuales eliminan cualquier contaminación que venga en el aire de entrada.

Este Book describe el equipamiento del fotobiorreactor, que usted puede construir en el laboratorio, así como la discusión de Nutrientes, Iluminación, Oxigenación, inyección de CO_2, y técnicas de cultivo.

Cultive Algas y Diatomeas para Ganancia. Los mercados de algas están creciendo en todo el mundo. Las especies específicas (grupos taxonómicos) son muy caras para comprar a los proveedores, a menudo miles de dólares por Litro! Construyendo su propio Fotobiorreactor, obtiene sus propios medios para hacer crecer Monocultivos puros de especies de algas.

Capítulo Uno - Cultivando Algas
El Gran Panorama

Las algas, en general, son especies acuáticas. Son motores de crecimiento a base de células simples, que consumen materiales inorgánicos y producen moléculas orgánicas. Las algas, a través de la fotosíntesis, convierten segmentos de energía solar, trazas minerales, CO_2 y agua en un asombroso proceso de oxigenación – fotosíntesis, que conduce al crecimiento de las células y su reproducción, y que hace posible, como sabemos, la vida en la Tierra.

Como un Cultivador de Algas, usted está tratando de emular a la Naturaleza, perfeccionándola, mediante el "gatilleo" de diferentes efectos, a lo largo del ciclo de crecimiento de las algas, con un control de las condiciones termodinámicas del mismo.

La Fotosíntesis apareció envolviendo la Tierra cuando la vida necesitó una "batería." Los ADM son frágiles y necesitaron una protección; con la joven Tierra bombardeada por radiación ultra violeta UV C, las algas dieron sus respuestas, tales como la producción fotosintética de muchas moléculas orgánicas que incrementaron la respuesta de supervivencia de las algas. Para acabar de envolver al precioso y vulnerable ADN utilizaron pigmentos accesorios o produjeron antioxidantes, mecanismos desarrollados en las algas, para captar más energía solar disponible.

Las algas se reproducen durante la noche, probablemente debido a la presencia masiva del bombardeo UV durante las horas de sol, sobre la ya no joven Tierra.

Replican el ADN, durante la noche, minimizada la disrupción que pudo haber sido causada por la entrada de luz energética ultravioleta (UV) al interior.

Los Fotobiorreactores, tales como el kit descrito en este Book, proveen de medios a los investigadores para "influenciar" sobre el crecimiento de la cepa, mediante cambios en su ambiente, de acuerdo con su protocolo de crecimiento, para un resultado deseado.

Compulsando algas para una producción selecta

Las algas, que son "compulsadas" en tiempos estratégicos en su ciclo de crecimiento, pueden producir moléculas seleccionadas por el interés del cultivador. Las moléculas seleccionadas son el objetivo del cultivo de las algas.

La biomasa algal es producida cuando la "energía" proveniente de la fotosíntesis "excede" a las energías utilizadas para la respiración y la división de las células. La tasa específico de crecimiento de vuestra alga será determinada "termodinámicamente" por el "cómo" usted cultiva sus algas.

El Fotobiorreactor (FBR) descrito aquí le permite a usted ajustar la óptica, el control de temperatura, el flujo de CO_2 y de O_2 dentro del cultivo, el pH, la mezcla de los nutrientes, por lo que usted añade a sus recipientes de cultivo, y el "tiempo" y la "tasa" a la que usted cultiva.

Manipulando los nutrientes, las intensidades, la selección de longitudes de onda, y los fotoperíodos, en su fuente de luz, la temperatura, el pH, los niveles de oxígeno y CO_2 disueltos, tendrán lugar dramáticos impactos con poder de control en el metabolismo de las algas.

La tasa específico de crecimiento de las algas es la tasa de cambio de la acumulación de masa Algal. La tasa de procesos "anabólicos" (fotosíntesis) y de procesos "catabólicos" (respiración) determinará vuestra ganancia de biomasa neta.

Los Fotobiorreactores permiten a los investigadores testar Protocolos de Crecimiento mediante su ajuste sistemático de los parámetros termodinámicos más importantes, tales como Temperatura, Nivel de Luz, el Fotoperíodo, como se ha descrito, lo cual constituye una importante herramienta de trabajo para la investigación y la comercialización.

Las algas a menudo usan el Pigmento Primario Clorofila –a. Este importante pigmento se encuentra en el reino del fitoplancton y es, probablemente, la molécula más valiosa de las que aportan vida sobre la Tierra.

Las algas han desarrollado "Pigmentos Secundarios" que tocan otras longitudes de onda en el espectro para conducir los procesos químicos. Otros pigmentos responden a longitudes de onda adicionales en el espectro solar, y dan a las algas medios adicionales de convertir energía para la supervivencia. Las algas cultivan está parte adicional del espectro solar para ganar una energía extra para el metabolismo, la respiración y la división de células.

Los pigmentos secundarios, más habitualmente denominados "accesorios," incluyen la Clorofila-b, Clorofila-c, Carotenoides y Ficobiliproteínas. Los pigmentos adicionales aportan una ventaja evolucionaria, termodinámicamente, a las células de algas. Nuestra ventaja es que podemos cultivar los "metabolitos" valiosos y productos que resultan de esas trayectorias adicionales.

Los Pigmentos Secundarios proveen a las algas de moléculas valiosas, tales como Antioxidantes. Niveles de radiación UV Alta, cómo estímulos químicos, amenazan al AND de las algas jóvenes. La proteína Astaxantina, altamente valorada, fue desarrollada por las algas para servir como "Bloque de Sol" por ser altamente absortiva de la luz UV.

Las algas pueden producir Astaxantina (color rojo brillante), que, después de envolver a las valiosas moléculas de ADN, absorben los rayos UV para protegerlas. Cuando ocurre u stress químico o de UV sobre las Células de Algas, se desarrolla un camino para producir Astaxantina para proteger a la célula.

Las algas son extremadamente sensibles a sus condiciones y cambios (tasas de cambio) en sus ambientes. Controlando esas condiciones en su Fotobiorreactor, le permite influenciar sobre su alga para producir moléculas de interés.

Balance en todas las cosas

El fotobiorreactor comienza con un sistema de iluminación. Los autótrofos son altamente responsables de la energía óptica. El aspecto de mayor influencia en el cultivo de algas es el régimen óptico que usted usa en su protocolo de cultivo. El régimen óptico está dirigido a las longitudes de onda, intensidades y fotoperíodos.

La Clorofila –a responde a longitudes de onda específicas, mientras que los pigmentos secundarios lo hacen a otras longitudes de onda.

Los Fotobiorreactores tienen una plataforma para el crecimiento de especies específicas (grupos taxonómicos), y desarrollan Protocolos de Cultivo para realzar la productividad natural de las algas. Como usted use su fotobiorreactor, con un programa de acciones, mediciones y cultivos, usted selecciona determinado rendimiento.

Las algas producen muchos compuestos valiosos vitales para los Mercados de los cosméticos y de los Nutracéuticos. Los aceites naturales y los lípidos, ricos en Omega 3 son altamente valiosos. El cuerpo humano se ha desarrollado con las algas y a partir de ellas. Los aceites naturales y los antioxidantes, no se liberan a menudo, comparados con los productos sintéticos para los consumidores.

El "Haematococcus pluvialis" (H.p.), un Chlorophyceae (Alga Verde), produce más antioxidante Astaxantina, cerca de 40,000 ppm cuando está "estresado," que cualquier organismo conocido sobre la Tierra. Esto lo hace (H. p.) muy valioso para los mercados nutracéutico y de los cosméticos.

La Astaxantina natural tiene un valor de mercado de miles de dólares por libra, y es altamente valorado en los mercados nutracéutico y de acuacultura.

Las algas tienen increíbles mecanismos para realizar la producción de productos fotosintéticos cuando son "estresadas." El cultivo de biomasa Algal tiene necesidades nutricionales y otras que usted puede manipular durante su ciclo global de cultivo para producir los productos orgánicos deseados. Estresando las algas se incrementa o se decrece algo que las algas necesitan durante su ciclo de vida.

Estresar o estimular es cambiar el medio ambiental de las algas, para producir una respuesta predictada, tal como la producción de Astaxantina.

El Kit de Fotobiorreactor, descrito abajo, provee el equipamiento que usted necesita para cultivar e influenciar sobre el perfil de cultivo de sus algas.

Las algas tiene alta capacidad de respuesta metabólica a las influencias para producir mayores niveles de productos orgánicos seleccionados, incluyendo aminoácidos, proteínas, tintes orgánicos, antioxidantes, vitaminas e importantes sustancias para los biocombustibles: los lípidos.

Los Lípidos (aceites), son la principal materia prima para el biodiesel (ambos ácidos grasos, los de origen animal y los de origen vegetal, pueden ser usados como reserva). Los ácidos grasos pueden ser transesterificados en biodiesel.

Los lípidos producidos por algas son con frecuencia categorizados como lípidos de "Almacenamiento" (no polares) y lípidos "Estructurales" (polares). Los lípidos tipo "Almacén" con Triac1gliceridos (TAGS) pueden ser transesterificados para producir biodiesel.

Los investigadores han estudiado los elementos que influyen sobre la producción de biodiesel en las algas limitando algunas variables en el ciclo de crecimiento. "Engañando" a las algas, mediante cambios en algunas de sus condiciones, se puede inducir la producción de alguna molécula como parte de la biomasa producida. Los Fotobiorreactores (FBR), permiten al cultivador de algas ajustar las condiciones tales como la temperatura, el pH, los niveles de luz, la presencia o ausencia de nutrientes químicos para producir una salida o respuesta deseada.

Toda la vida en la Tierra, con algunas excepciones, depende de la fotosíntesis-oxigenación, como el proceso primario para producir la nutrición (para la base de la cadena alimentaria) y del oxígeno.

La Fotosíntesis es el "productor primario" de toda la nutrición, y el oxígeno- sobre el cual depende la vida en la Tierra y en los océanos. El "suministro de potencia" para la fotosíntesis es el Sol, que entrega un pico de energía sobre la superficie de la Tierra de 1,000 Watt / metro cuadrado.

Para estimular la fotosíntesis, usted necesitará producir las longitudes de onda que dominan las respuestas características de los Pigmentos Primarios y Secundarios de las algas. Cada alga tundra su particular espacio preferido para todos los parámetros termodinámicos.

Capítulo Dos – Seleccionando su Cepa de Alga

La compra de monocultivos (especies puras) de algas es muy caro – con frecuencia miles de dólares por Litro!

Los Fotobiorreactores pueden utilizarse para el crecimiento de monocultivos de algas, y ahorrar, con el tiempo, potencialmente, miles de dólares en costos de cultivo de algas.

Las especies de algas de interés, se seleccionan por su objetivo específico, o por múltiples moléculas de valor. La selección de algas es el problema a trabajar "hacia atrás". Comience con lo que usted quiere lograr al final, después del Cultivo. Las especies (grupos taxonómicos) que usted seleccione, dependen de lo que usted quiere producir cómo producto final. ¿Está buscando aceites (lípidos) para biodiesel o para la industria cosmética? ¿Está buscando proteínas completas (aminoácidos esenciales) para el Mercado de alimentación de peces?

Su elección de algas depende de sus resultados. La siguiente lista de algas por ejemplo, está elaborada con un rango de contenido de lípidos (peso seco). Cada especie (grupo taxonómico) tiene su propio protocolo de cultivo, y tasas de cultivo. El contenido de lípidos de su grupo de algas depende de su técnica de cultivo, de cómo usted inocula y arranca su cultivo, el medio de cultivo que usted adiciona a sus Recipientes de Vidrio para el Crecimiento, el régimen de iluminación que usted aplique, y de cuan bien usted controle el pH y la temperatura.

La siguiente es una lista de Especies de Algas (Grupos taxonómicos) útil y valiosa:

Chlorella vulgaris

Chlorella minotissima

Ankistrodesmus sp.

Crypthecodinium cohnii

Scenedesmus sp.

Cyclotella sp.

Dunaliella tertiolecta

Hantzchia sp.

Nannochloropsis

Neochloris oleoabundans

Nitzschia sp.

Phaeodactylum tricornutum

Stichococcus sp.

Nannochloris

Thalassiosira pseudonana

Tetraselmis suecica

Botryococcus branuii

La superestrella Chlorella vulgaris – ha sido muy bien estudiada por su gran productividad. El biodiesel Algal basado en la Chlorella vulgaris tiene ventajas que ofrecer en términos de altas tasas de crecimiento, y algunas salidas para ser direccionadas, incluyendo la pared celular muy dura, que es necesario romperla para alcanzar sus aceites interiores

La Chlorella vulgaris, una Chlorophyceae (Alga Verde), crece bien usando las bien conocidas tasas de nutrientes C: N: P: K. Limitando el Nitrógeno (con respecto a otros nutrientes), la Chlorella vulgaris responde, produciendo más almidones, lípidos ácidos grasos no saturados.

Los ácido grasos poliinsaturados son un gran premio. El alga "limitada en nutrientes" sensa una pequeña crisis y produce más lípidos para almacenar energía para un déficit anticipado.

Si usted está seleccionando una cepa para la producción de lípidos ácidos grasos poli-insaturados, la Chlorella vulgaris es una gran elección. La Chlorella minotissima, a partir de la Phylum Chlorophyta, cuando está limitada en Nitrógeno produce un 39% de EPA (omega-3 ácido graso ácido Eicosapentaenoico), altamente valorado en los mercados neutracéutico y del biodiesel.

El alga Nannochloropsis, ha demostrado gran producción de biodiesel cuando ha sido influenciada por limitación de nutrientes. La Nannochloropsis está compuesta por seis grupos identificados, cada uno prometedor, y viviendo en agua salada, agua fresca y agua salobre.

La Nannochloropsis, cultivada bajo condiciones adecuadas, puede acumular hasta un 60% en peso seco de ácidos grasos poli-insaturados, en protocolos de Nitrógeno Limitado. Esto hace a la Nannochloropsis altamente valorada cómo reserve potencial en la industria de los biodiesel.

Capítulo Tres – Construya su Propio Fotobiorreactor

Usted puede construir su propio Fotobiorreactor usando 4 Recipientes de Vidrio para Crecimiento. Usted construirá una estructura de PVC, and ubicar dos luces Fluorescentes en el extreme de dicha estructura sobre los recipientes de crecimiento.

Colocará bombas de acuario para bombear aire y CO2 dentro de los recipientes. Los recipientes tienen "Paradores" en el extreme del tipo 2 agujeros.

Su sistema de Fotobiorreactor incluirá:

Limitador de Tiempo, Estructura Mecánica, hecha de tubería de PVC, obtenidos en tienda de equipamientos.

Cuatro (4) Recipientes de Vidrio para Crecimiento de 20 Litros c/u, con tuberías, plugs y accesorios de Grado Alimentario 100 No Tóxico.

Bomba Neumática de Aire con Filtros de Bacterias en Línea para aireación y mezcla esterilizada, con válvulas de salida "Curvas de Pasteur," para prevenir la contaminación del grupo taxonómico.

Fácil de ensamblar y de sanitarizar para Diferentes corridas de producción de grupos taxonómicos.

El FBR con sus cuatro recipientes tasados a 80 Litros (20 Litros por c/u) puede ser usado para un monocultivo de grupo taxonómico Algal.

También puede usar cada recipiente para usar un grupo taxonómico completamente diferente y separado, hasta Cuatro Diferentes Grupos Taxonómicos con este Kit de Cultivo de Algas.

Cada recipiente de crecimiento es independiente de los otros recipientes, con su propio Filtro de Bacterias y válvulas de salida tipo "Curvas de Pasteur"

El Fotobiorreactor complete incluye:

Elementos Mecánicos
Elementos Neumáticos
Elementos de Filtro Biológico
Elementos Ópticos
Fusibles Eléctricos / Sistema de temporizador de Fotoperíodo

Los filtros biológicos, para cada Recipiente, esterilizan el flujo de aire en su recipiente de cultivo, y las válvulas de salida "Curvas de Pasteur" no permiten la contaminación de un flujo de retorno en sus recipientes de cultivo.

Use cristalería del tipo vidrios Pyrex y material de Grado Alimentario 100% No Tóxico para componentes sensibles.

El Sistema Óptico Completo produce luz de Radiación Fotosintéticamente Activa (RFA) con una densidad de flujo de fotones más de 200 micro-moles/m2/seg, ajustable por cambio de altura de lámpara, e incluye Temporizador Duro. Los Kits también incluyen toda la Vidriería y accesorios, Bombas de Air neumáticas, Estructura Mecánica, Sistema Eléctrico de Fusibles- Todo lo que usted necesita (Equipamiento) para comenzar a hacer crecer los cultivos de algas.

Todos los FBR de Crecimiento de Algas incluyen Sanitarizador Evaporativo No Tóxico para cultivo repetido. El Kit DIY de Fotobiorreactor de Crecimiento de Algas incluye:

Dos (2) Estructuras de Lámparas T8 de Balastro de Alta Eficiencia de Luz Fluorescente, Cuatro (4) Lámparas de Alta eficiencia de 6500K (20,000 horas). Un (1) Temporizador Duro (conecta las lámparas al mismo para fijar su fotoperíodo).

Un (1) Listón de Potencia con Fusible

Un (1) Kit de Estructura Mecánica. Cortado y con accesorios para Fácil Ensamblaje. La estructura "mecánica" está compuesta por tubería de PVC, de 3/4" a 1.5" (19 a 38,1 mm), según su selección, disponible en tiendas de equipamiento. Corte las piezas cono sigue:

Ocho (8) Segmentos Longitudinales de 18" c/u (457.2 mm)

Ocho (8) Segmentos Laterales de 22" c/u (558.8 mm)

Six (6) Segmento Verticales de 20" c/u (508 mm)
Ocho (8) Esquineros de3-Vías
Ocho (8) Conectores Medianos de 3-Vías

Ensamble en la Estructura como se Indica Arriba. La Estructura soporta las Luces, y define un espacio interior donde se colocan los recipientes de crecimiento, debajo de las lámparas.

Cuatro (4) Recipientes de Vidrio para Crecimiento tasados a 20 Litros de capacidad c/u

Cuatro (4) Tubos de Vidrio Pyrex para aireación de entrada a los cultivos de crecimiento.

Cuatro (4) Tapones de Grado Alimentario No Tóxico 100% para los Recipientes de Crecimiento/Tubería/Accesorios.

Cuatro (4) Válvulas de Salida tipo "Curvas de Pasteur" de Grado Alimetario 100% No Tóxico

Dos (2) Bombas de Aire de Alta Eficiencia (4000 cc/minuto) sobre los Cuatro Recipientes de Crecimiento. Añada un "separador" para que usted pueda airear 2 recipientes de modo independiente por cada

Cuatro (4) Válvulas de Cheque (para proteger las bombas de aire)

Cuatro (4) Filtros de Bacteria en Línea (uno para cada Recipiente de Cultivo) tasados a 0.22 µm. Coloque los Filtros Bacterianos entre la bomba de aire y cada uno de los Recipientes de Cultivo.

Veintidós (22) Pies (6.7 m) de Línea de Tubería de Grado Alimentario 100% No Tóxica.

Un (1) Litro de Sanitarizador Evaporativo de Grado Alimentario 100% No Tóxico.

El Kit Total contiene (96) Partes.

Potencia: 148 Watt.

Costo de Operación: Menos de 2 céntimos por hora (a 0,12 USD/kWh de electricidad)

Huella: 8 Pie Cuadrado (0.743 m^2), Altura: 3 pie (0.914 m), Ancho: 2 pie (0.609 m), Largo: 4 pie (1,219 m), Peso: 57 lb (25,9 kg).

Capítulo Cuatro - Óptica Algal

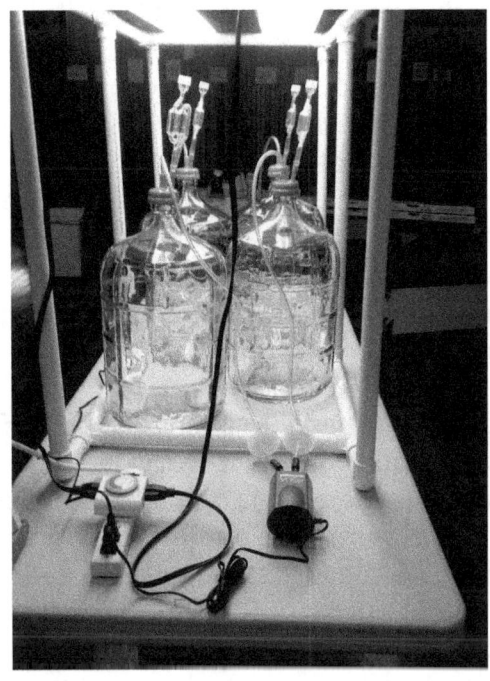

Las longitudes de onda de los fotones, las intensidades y los fotoperíodos son cruciales para las algas ya que necesitan una condición de "Goldilocks" para alcanzar el crecimiento exponencial.

Adicionar mucha luz induce a la "saturación luminosa", que ocurre cuando usted ha sobrecargado los centros de Fotorreacción en las células, y entonces sucede que más luz no induce el proceso.

De hecho, si usted alcanza las condiciones de "saturación luminosa" entonces inhibirá la fotosíntesis, este efecto es la inhibición de luz.

Adicionar muy poca intensidad de fotones, implica que usted no alcanzará el "punto de compensación" requerido para la fotosíntesis neta. La compensación es cuando su alga produce una ganancia neta en biomasa algal. Este "Punto de Compensación" es donde la fotosíntesis excede la energía requerida para la respiración y la división de las células.

Las algas crecen cuando la intensidad de los fotones está entre el "punto de compensación" y la "saturación luminosa" en la curva de crecimiento. Nota: uno de los mayores errores cometidos por los cultivadores de algas es el uso excesivo de la luz.

Termodinámicamente, una vez que usted alcance los niveles de "saturación" con la intensidad de la luz, los fotones adicionales añadidos al sistema no conducirán el proceso ni mejor ni más rápido. Ajuste la altura de su estructura para ajustar la intensidad de la luz.

Use un Medidor de Quantum cuando sea posible, para medir cuidadosamente la Radiación Fotosintéticamente activa (RFA) desde 400nm hasta 700 nm, densidad de potencia en fotones micro-moles o micro-Einstein/m2/segundo. Los Fotoperíodos son vitales para el crecimiento de las algas. El ciclo diurno-nocturno es una influencia fundamental para el desarrollo de las algas.

Su selección de Fotoperíodo tiene impactos dramáticos sobre el ciclo de vida de las algas, cómo cada especie tiene su ciclo día-noche preferido.

La tecnología de los LEDs está permitiendo a los investigadores la posibilidad de hacer coincidir la "emisividad" de los LEDs emisores con la "absortividad" de los pigmentos primarios y secundarios en las algas. Sin embargo, los LEDs a menudo no coinciden exactamente con las respuestas de "picos" de longitudes de onda de algunos pigmentos.

Los Nuevos LEDs Orgánicos (OLEDs) permitirán que la "emisividad" de los LEDs sea "tuneable" y caer exactamente dentro del pico de longitudes de onda del pigmento. La adopción de LEDs emisores para el cultivo de algas proveerá alta eficiencia (usted está solo energizando con la longitud de onda que necesita), baja temperatura (los LEDs funcionan fríos) y alto control sobre la intensidad y duración.

Los Kits de Fotobiorreactor usan lámparas T8 que usted puede utilizar con un número seleccionado de lámparas que tengan ese formato. Los LEDs de lámparas T8 pueden lograrse online o localmente.

Use el kit de fotobiorreactor para cultivo de algas para producir biocombustibles y biodiesel. La producción de biodiesel usando algas tiene tremendas oportunidades de mercado por cuanto las mayores industrias del transporte presionan a los productores de diesel para usar más el biodiesel.

El Mercado del biodiesel es grande, incluyendo camiones, trenes, recipientes, equipos de granja, de la construcción, sin mencionar que ya existen algunos medios de transporte cómo coches y camiones que funcionan con el biodiesel. El biodiesel a partir de las algas que usa corrientes de agua con desperdicios está sobrecargado con Fósforo y Nitrógeno que puede ser considerado como nutrientes. Estos minerales son altamente valiosos, especialmente el Fósforo.

El Biodiesel a partir de las algas, es usado para limpiar corrientes de agua de valiosa combinación de P: K: N para producir dos corrientes de ingresos: entradas por limpieza del ambiente y entrada por el biodiesel producido.

Las algas tienen "pigmentos accesorios" tales como la clorofila-b, la clorofila-c, que absorben a unos picos que corresponden a las bandas de longitudes de onda del azul-violeta y del naranja-rojo, suavemente variados. Otros pigmentos accesorios incluyen los carotenoides (Beta-caroteno) que absorben en picos de longitudes de onda cambiadas para capturar diferentes longitudes de onda a las de los pigmentos primarios como la clorofila-a.

En el caso de la Clorofila – a y la Clorofila-b, cada "pico" debe ser activado simultáneamente. Cada uno – juntos- maneja una vía fotoquímica activa en fotosistemas II y fotosistemas I, que conducen a los procesos Lúmino-Dependientes de la fotosíntesis.

La fotosíntesis opera en dos partes separadas: reacciones luminodependientes (en los centros de fotorreacción) de "oxidar" agua, y las reacciones independientes de la luz (ciclo de Calvin Benson) que "reduce" el CO_2 para producir los bloques de construcción de todas las otras moléculas orgánicas: azúcares simples.

Los Kits de Fotobiorreactor para Cultivar Algas están diseñados para los investigadores de algas. Cultive algas para obtención de biodiesel y proyectos nutracéuticos. Desarrolle los parámetros de pH, temperatura, intensidad de luz, fotoperíodos de iluminación, recepción de nutrientes, y otras variables para maximizar las salidas del cultivo de algas. Durante la fotosíntesis las algas "oxidan" el agua para cultivar un electrón y un protón, liberando Oxígeno como desecho de la producción de algas.

El agua se oxide produciendo un par de protón y neutrón. Una vez formado, las partículas cargadas se separan creando una "diferencia de potencial" para conducir la cadena de transferencia de electrones que transporta esa carga que se usará más tarde por el ciclo de Calvin-Benson para construir moléculas orgánicas.

El ciclo de Calvin-Benson químicamente "reduce" el CO_2 (fijación de carbono) y construye simples carbohidratos para almacenar energía.

Las algas tienen necesidades Ópticas. La densidad de fotoflujo, la tasa de energía entregada a su cultivo de algas, ha sido medida sobre un amplio rango desde un valor tan pequeño de 2 micromoles de fotones/m2/segundo hasta un valor más usual de 80-200 micro-moles de fotones/m2/seg.

La energía de los fotones para el cultivo de algas en los Fotobiorreactores tiene tres consideraciones importantes:

Longitudes de Onda Fotosintéticas
Intensidad de Fotones
Fotoperíodos

Los kits de Fotobiorreactor de crecimiento de algas aportan control sobre estos tres factores ópticos.

Usando las lámparas universales T8 usted puede energizar lámparas de diferentes espectros en su instalación de lámparas incluida en el kit, para diseñar todos los tipos de experimentos ópticos de cultivo de algas.

Los protocolos de cultivo de algas en Fotobiorreactores le aportan a usted el control sobre la penetración de luz. Estanques y otros enfoques de cultivo exterior de algas tiene un gran problema con la "inhibición por la luz,"

La Inhibición por Luz ocurre cuando el alga crece en la superficie de un estanque y bloquea la luz desde la columna de agua que penetra. Este crecimiento de algas superficial "ensombrece" las algas que se encuentran debajo y produce una inhibición de su crecimiento.

Una paradoja para el cultivo de algas en estanques es que mientras más crece, más algas se ensombrecen. La inhibición de luz limita la producción del cultivo de algas en estanques a una profundidad de 1 a 2 cm. Las algas son especies acuáticas que requieren de específicas condiciones ambientales para crecer. Esto incluye la temperatura, el pH, el CO_2 y el O_2 disueltos, los nutrientes disponibles, macro y micro, la luz de RFA entre 400-700 nm y un fotoperíodo regular.

La densidad de Flujo Fotónico Fotosintético (DFFF) describe la energía liberada de su sistema óptico. Densidades de Potencia para su RFA requerida está en un rango, específico del grupo taxonómico, que va desde valores tan pequeños de 2 micro-moles fotón/m2/segundo para algas Árticas, hasta más de 200 micro-moles fotones/m2/segundo para especies de algas más típicas.

Los kits de FBR están diseñados para producir un valor nominal de 300 micro-moles/m2/seg de luz de RFA. Usted puede variar estas cantidades

ajustando la altura de su sistema de iluminación.
You can vary this amount by adjusting the height of
your lighting system.

Los kits de Cultivo de Algas incluyen por completo
el Estructurado. Sistema de Iluminación, Sistema de
Control de Potencia, recipientes de crecimiento y
cultivo de Vidrio y de Pyrex, filtros bacterianos,
"Curvas de Pasteur" y sistemas de bombas de Aire.
Los Kits de Fotobiorreactores están diseñados por
usted para hacer crecer monocultivos de valiosas
algas.

Las algas están provistas de cloroplastos (que
contienen los centros de fotorreacción), de modo
que todo ocurre sobre la superficie de las células.
La luz que penetra una columna de agua es
absorbida o refractada en su trayectoria. Las
partículas que se encuentran en el agua, incluyendo
las algas, disipan la luz que no es absorbida. La
disipación de la luz es una ventaja para las algas ya
que "normaliza" la dirección de los fotones y permite
a las células capturar y utilizar fotones provenientes
de todas direcciones.

Los fotones en el agua se "disipan" y "absorben" en
todas direcciones, incluso hacia arriba de nuevo, de
manera que la luz en el agua da un perfil muy activo
brotando arriba y abajo para normalizar las
trayectorias de los fotones equilibrando la
distribución de luz (fotones) dentro de la columna
de agua

Los fotoperíodos son vitales para el crecimiento de las algas. El ciclo diario noche-día es una influencia fundamental sobre cómo las algas evolucionan. Los fotoperíodos tiene impactos dramáticos sobre el ciclo de vida de las algas y cada especie tiene su ciclo preferido de día-noche.

Muchos cultivos de algas ocurren usando un fotoperíodo de 12 horas de luz y 12 horas de oscuridad. Sin embargo el alargamiento o acortamiento de estos tiempos impacta sobre la fisiología y respuesta de las células. Si se incrementan las "horas de sol" las algas saben que el verano viene e incrementan la respuesta fotosintética.

Si usted acorta las "horas de sol" las algas responden como que viene el invierno produciendo más lípidos. Las algas para Biodiesel son una fuente real de combustibles de transporte de Carbono neutral. Ellas pueden cultivarse usando corrientes de agua de desperdicios de la Agricultura y de la ganadería, con Carbono verdaderamente neutral. El Carbono para crecimiento de algas proviene de la atmósfera, y retorna a ella cuando es consumido.

Los Pigmentos Fotosintéticos son proteínas disponibles para capturar energía fotónica específica que es vital para la fotosíntesis.

La luz (energía fotónica) es el factor más importante a considerar para el cultivo de algas. (Aunque todas las condiciones termodinámicas son importantes).

La fotosíntesis es el mecanismo primario para conducir el crecimiento de las algas y su importancia para el cultivo comercial de algas es dominante. Las algas requieren longitudes de onda específicas con energía fotónica en el rango de 400 nm a 700 nm.

La luz de Radiación Fotosintéticamente Activa (RFA) se refiere a todo el espectro de longitudes de onda en el cual los pigmentos Pueden responder. Toda la fotosíntesis oxigénica sobre la Tierra está dirigida por longitudes de onda entre 400 nm y 700 nm – no llega a una "octava" de las frecuencias de luz – una banda muy estrecha dado el amplio espectro electromagnético.

El pigmento Primario usado a través del universo algal es la Clorofila-a. Ella es probablemente la molécula más importante del planeta, porque de su habilidad para capturar esos fotones tan necesarios para los Centros de fotorreacción II y I para manejar las reacciones fotosintéticas dependientes de la luz.

Los Pigmentos Secundarios, tales como la Clorofila-b, carotenoides y Ficobiliproteínas, son proteínas que capturan y absorben fotones seleccionados. Energizando una "cascada" de reacciones está captura fotónica es la más importante. Maximice sus pigmentos algales mediante la estimulación de ambos picos en su espectro de absortividad.

El Kit Fotobiorreactor de Cultivo de Algas le permite a usted controlar las condiciones ópticas tales como la intensidad de la luz de Radiación Fotosintéticamente Activa (RFA) que es vital para el crecimiento de las algas. La fotosíntesis en las algas opera sobre un amplio rango de condiciones que dependen de las especies, pero las longitudes de onda, y la intensidad de la energía fotónica son, termodinámicamente, lo más importante.

Las algas crecen usando luz RFA en el rango de longitudes de onda de 400 nm a 700 nm. Las intensidades de luz RFA varían desde un valor tan pequeño como 2 micro-moles fotones/m2/seg para algas árticas hasta 200 micro-moles fotones/m2/seg para las especies de algas más comunes. Cada especie tiene su intensidad fotónica preferida, una colección de longitudes de onda activas y su fotoperíodo, para permitir un ciclo de luz y oscuridad.

Las longitudes de onda exactas que las algas pueden utilizar en la fotosíntesis oxigénica dependen del pigmento primario (clorofila-a) que posee dos picos de absorción, uno en la parte del espectro del violeta-azul, y otro en la del naranja.-rojo.

Capítulo Cinco – Nutrición Algal

El crecimiento de las algas depende de muchos factores, incluyendo el medio de nutrientes de crecimiento que usted seleccione para su especie específica (grupo taxonómico).

Limitando los nutrientes, tales como el Nitrógeno, tiene un efecto considerable en muchas especies de algas para producir lípidos. Los investigadores usan esos nutrientes y otros factores de limitación para estimular a las algas a producir el producto orgánico deseado. La Chlorella vulgaris es bien conocida para producir significante cantidad de lípidos y almidones cuando está limitada en Nitrógeno.

El Kit Fotobiorreactor (FBR) de Cultivo de Algas constituye una herramienta para los investigadores de algas para diseñar mezclas específicas de nutrientes que realzan las tasas de cultivo y la producción neta de biomasa algal.

Las algas, las diatomeas y las cianobacterias requieren de macro y micro nutrientes, iones disueltos, trazas de metales, y varias vitaminas para prosperar. El medio de cultivo de las algas se divide en agua dulce y agua salada. No hay un medio de cultivo universal para todos los grupos taxonómicos. Por ello los investigadores están forzados a poner gran cuidado cómo ese medio está compuesto, almacenado y usado.

Recetas de medios de cultivo de algas

Los macro nutrientes requeridos por las algas, diatomeas y cianobacterias incluyen al Carbono, Nitrógeno, Fósforo, Silicio y a los mayores iones incluyendo Na, K, Mg, Ca, Cl, ay el SO_4 como una base media.

Los Micro-nutrientes son trazas de elementos esenciales, en los que está incluido el hierro, manganeso, zinc, cobalto, cobre, molibdeno y una pequeña cantidad de metaloide selenio.

Las Vitaminas son vitales para el crecimiento de las algas, específicamente tres: vitamina B1 (Tiamina - HCL), vitamina B12 (Cianocolbalamina), y vitamina H (biotina). Muchas algas solo necesitan preferentemente una o dos de ellas, dependiendo de la especie, pero no parece que les dañe usar las tres.

La adición de elementos traza es un asunto delicado en el cultivo de algas. Justamente pequeñas cantidades de metales traza tales como hierro. Cobre, zinc y cobalto son esenciales para los procesos fotosintéticos. Nota: todos los elementos traza son tóxicos para las algas si las concentraciones son muy grandes. Gran cuidado debe tenerse para no mezclar los microgramos / Litro con los miligramos / Litro.

El elemento Hierro – es necesario para todo el fitoplancton y sirve a las funciones metabólicas esenciales para el transporte de electrones.

El elemento Manganeso – es un componente esencial para los centros de oxidación de agua en la fotosíntesis.

El elemento Zinc – cómo Manganeso, es usado por las algas, diatomeas y cianobacterias para una variedad de funciones metabólicas. Un mayor uso del zinc está en la formación de la "Anhidrasa carbónica" – esta enzima esencial es fundamental para la transportación del CO_2 y la fijación del carbono.

El elemento esencial Cobre – es vital para la vida de todo el fitoplancton debido a su función en la "citocromo oxidasa", - una proteína esencial en el transporte de electrón respiratorio en la célula del alga.

Las recetas de Nutrientes de Medio de Cultivo están también guardadas cómo las recetas de un Master-chef en las artes culinarias.

Desarrolle sus propias recetas y descubra la combinación perfecta de nutrientes para manejar el crecimiento exponencial de algas.

Las especies de agua dulce típicamente usan un medio de cultivo dividido en tres categorías marcadas: sintética, enriquecida y agua con suelo. El medio de cultivo sintético es un medio seleccionado por el investigador para proveerse de un medio simplificado y específicamente definido. Ejemplos de ellos son "Medio Basal de Bold," medio Chu #10, medio BG-11 y medio WC.

Existe un gran arte al preparar el medio de cultivo de agua dulce para las algas. Asegúrese de no usar agua destilada o de grifo. Los metales traza contaminantes del agua destilada o de grifo puede envenerar su cultivo de algas. El medio de cultivo enriquecido se prepara añadiendo nutrientes a la corriente natural, o agua de lago, o mediante el enriquecimiento de un medio sintético con suelo o extracto de plantas. El medio enriquecido no está definido debido a os compuestos orgánicos e inorgánicos que pueden estar presentes.

El Pionero en Algas Redfield (1938) describe métodos para mantener los cultivos continuamente aislados de diatomeas marinas – ricas en aceite Omega 3 en largas cantidades para sus experimentos de laboratorio.

El procedimiento de Redfield incluye una cosecha estratégica de biomasa algal a un cierto punto en su fase de crecimiento exponencial. Cantidades de masa seca de diatomea en Kilogramos fueron cultivadas y cosechadas para sus experimentos de acuacultura a nivel de laboratorio.

Redfield es famoso en biología, por su "Tasa de Redfield" de la composición vital fotosintética para la receta de mezcla de nutrientes, usada en el crecimiento de algas. La tasa de Redfield de 106 Carbono: 16 Nitrógeno: 1 Fósforo es una piedra angular de los protocolos de crecimiento y cultivo de algas, y ha sido modificado por muchos investigadores para incluir iones de metales traza que son requeridos para el crecimiento dinámico de las algas.

El Kit Fotobiorreactor de Cultivo de Algas es una herramienta para medir las tasas de crecimiento de biomasa algal y las cantidades de cultivo a través del crecimiento algal directo.

El cultivo de algas requiere una gestión, planeamiento y ejecución de un protocolo de cultivo específico.

Las especies de algas tiene apetitos muy específicos por el medio de cultivo, y no hay mezcla universal de nutrientes que puede trabajar para todas las especies igualmente. Por consiguiente, los investigadores usan Fotobiorreactores para controlar el crecimiento fotosintético dentro de un medio controlable.

El uso de un medio de agua-Suelo es un método de enriquecimiento del medio de cultivo utilizando medios naturales encontrados en el suelo. Seleccione cómo "limpio" el suelo que sea posible. No seleccione arcilla y seque el material a calor bajo.

Cuando este seco, debe cernirlo con un tamiz para obtener pequeñas partículas. Añada agua y déjelo reposar y asentar en el fondo. La difusión natural permitirá que los compuestos de humus esenciales y característicos en el suelo incluyendo el pH, conductividad, elevadores orgánicos, nutrientes y vitaminas sed difundan en el medio de cultivo.

El kit de Fotobiorreactor (FBR) de cultivo de algas le permite experimentar con protocolos de nutrientes y crecer más algas. Desarrolle su propia receta de nutrientes para el alga específica que usted desea cultivar.

La calidad del agua es uno de los puntos de arranque más importantes cuando diseñamos los nutrientes del medio de cultivo. El dH2O generalmente se refiere al agua destilada, o desionizada. No use agua dH2O (destilada) debido a los contaminantes presentes de traza de iones.

Use agua de Ósmosis Inversa o agua destilada en vidrio cómo punto de partida para su receta de medio de cultivo sintético. La mezcla de nutrientes es autoclaveada para esterilizar el agua antes de usted introduzca el alga inoculante.

Capítulo Seis – Algas para Biocombustibles

"El uso de aceites vegetales para combustible de motores puede parecer insignificante hoy, pero tales aceites se pueden convertir, con el transcurso del tiempo, tan importante como el petróleo y los productos del carbón alquitranado en la actualidad." (Rudolf Diesel - 1912).

El Mercado de los combustibles líquidos, solo en USA, excede $1.8 Billones por día. Haga estallar los protocolos de algas acumuladoras de aceites y puede horadar esos mercados con combustibles basados en algas y de carbono neutral.

Las algas acumuladoras de aceites y las diatomeas son la clave para los mercados a gran escala de Biodiesel y de Biocombustibles basados en algas.

Las Diatomeas y las Algas pueden cultivarse con fotobiorreactores. Las algas, como reserva primaria de alimentos para Biocombustibles y biodiesel, son logradas con algas productivas en acumulación de aceites, en su estado dormido o de descanso. Use kits de fotobiorreactor FBR para cultivar algas y conducir sus propios experimentos para incrementar los bioproductos.

El cultivo de algas para biodiesel representa la mayor oportunidad de Mercado del siglo XXI. Los combustibles de transportación, incluyendo el biodiesel, representan un Mercado diario de multibillones de dólares. El biodiesel algal al encontrar está demanda requiere de una producción diaria de unos 80 Millones de barriles de aceite vegetal. Las algas para biodiesel pueden producir este volumen debido a que nuestra corriente de desechos orgánicos excede con creces este valor.

Las algas para biodiesel tiene un argumento económico fuerte, cómo las Corrientes de desechos que aumentan la polución de agua contiene los más importantes nutrientes para cultivar algas a gran escala. Los medios acuáticos están sobre estresados con Nitrógeno, Fósforo, Potasio ay otros elementos en nuestras fuentes de polución del agua. El alga para biodiesel puede limpiar (Carbono neutral) y "tratar" esa polución de agua produciendo agua más limpia y combustible biodiesel. La polución de agua puede ser redirigida al cultivo de algas para la producción de biodiesel resolviendo dos grandes problemas simultáneamente.

Las corrientes desechos orgánicos actualmente "botadas" en vías acuáticas frágiles pueden ser derivadas cómo una fuente principal de nutrientes para el cultivo de algas para biodiesel. El biodiesel algal puede ser producido en muchas localidades usando las Corrientes de desechos orgánicos locales incrementando la seguridad energética para las redes de biodiesel basadas en las algas.

Usted puede seleccionar especies de algas con salidas de Lípidos para reserva de Biodiesel. Si su interés es Etanol, entonces busque una cepa particularmente almidonosa.

El cultivo de algas para la producción de biodiesel arranca con el protocolo de crecimiento específico de alga de biodiesel

Los Kits de Fotobiorreactor (FBR) de cultivo de Algas están diseñados para el cultivo de algas bajo sus protocolos de crecimiento de algas para producir moléculas orgánicas de interés. El biodiesel basado en algas busca tomar los recursos de la polución de agua (N, P, K) y redirigirlos como una reserva para la producción de algas para biodiesel. Los Kits de Fotobiorreactor (FBR) de cultivo de Algas le permiten a usted variar los mayores parámetros termodinámicos.

Controle la intensidad de la luz, las longitudes de onda y los fotoperíodos, los nutrientes del medio de cultivo, Aereación neumática, y las especies de algas.

Existen muchas técnicas de cultivo de algas, y han sido descritas para "empujar" a las algas para producir más de lo que usted quiere. Las algas para biodiesel buscan producción de lípidos insaturados-más eficientemente transesterificados para obtener biodiesel.

Seleccione sus especies de algas basados en los lípidos que usted desea producir. Seleccione sus algas sobre la base de los nutrientes que usted desea usar. El biodiesel algal requiere que usted trabaje en la siembra, crecimiento, gestión de nutrientes, cosecha, desagüe, y secado de su alga como un proceso comercial.

Escoja sus especies de algas para biodiesel de acuerdo a cómo usted u otros intentan separar el aceite de la biomasa algal. Muchas compañías y universidades están desarrollando técnicas de separación de aceites a las que usted puede acceder. Lo más común es una centrífuga.

El alga para biodiesel requiere de tecnologías comercialmente escalables, y todo comienza en el laboratorio cultivando algas con fotobiorreactores.

El cultivo de algas para biodiesel requiere que todas las entradas y procesos sean cuantificados y repetibles. Trabaje en su régimen de nutrientes y fotorrégimen para desarrollar sus propios protocolos.

La limitación de nutrientes, la variación de temperatura, las variaciones de los niveles de luz y de fotoperíodos, el pH y otros "estímulos" pueden provocar una respuesta algal.

La limitación de Nitrógeno ha sido frecuentemente reportada para "inducir" la producción de más lípidos.

Las algas para biodiesel son un motor de rápido crecimiento de biomasa que puede derivar hacia los aceites. La producción de biodiesel algal tiene muchas corrientes valiosas. El cultivo de algas para la producción de biodiesel busca "influenciar" en las algas para producir más aceites.

La producción de aceite en las algas puede ser "inducido" con variaciones de sus requerimientos produciendo más ácidos grasos poli insaturados consumiendo la polución de agua en el proceso.

Las algas para combustibles de transportación son una parte importante de la gran transición de la 21a centuria hacia la sociedad industrial sostenible.

Use los kits de fotobiorreactores de cultivo de algas para cultivar y para investigar las algas para la producción de biodiesel. Las algas para biodiesel son usualmente "procesadas" primero para eliminar los aceites desde la biomasa algal. Los sólidos remanentes en la "tarta-prensa" son un buen alimento para animales y peces en las granjas.

La Tarta-Prensa de algas con muchos de los aceites extraídos para biodiesel deja esa biomasa menos aceitada- ideal para la gestión nutricional. Loas "aceites" han sido extraídos haciendo la "tarta – presa" más apropiada para el alimento de animales y peces.

La "tarta-presa" es rica en aminoácidos, proteínas esenciales, antioxidantes, vitaminas y trazas de aceites excelentes cómo alimento animal y de peces. Los aceites extraídos son luego procesados a través de la transesterificación para producir un biodiesel algal estable y escurridizo.

La tecnología de biodiesel algal Limpia Aguas, Produce Algae biodiesel technology Cleans Water, Produces valuable Animal and Fish Feed, and produces Algae Biodiesel for use in diesel engines for transportation and power-production markets.

Las algas ofrecen grandes oportunidades para la producción de aceites (lípidos) por su alta eficiencia inherente, y su habilidad para usar productos desperdicios cómo nutrientes.

Los investigadores y las compañías tiene mayor entendimiento sobre cómo proveer y controlar el cultivo ambiental, cómo con el Kit de Fotobiorreactor de Cultivo de Algas de Algae Today's, para cultivar monocultivos de algas que producen altos niveles de compuestos orgánicos valiosos – seleccionados – de gran valor para la industria.

Para los Biocombustibles y biodiesel el cultivo de cepas de algas ricas en aceites y acumuladoras de lípidos es la clave.

Uno de los grandes pioneros del cultivo de algas, e investigador de la fotosíntesis fue Otto Warburg (1919), en Berlin, Alemania. Warburg trabajó en el cultivo denso de la Chlorella, y muchas otras especies (grupos taxonómicos). Warburg fue un gran visionario al usar algas cómo reserva alimentaria para alimentación de animales y peces y para biocombustibles.

El biodiesel algal ofrece muchas ventajas para los mercados de transportación. Disponible por doquier- tanto las reservas de los desechos orgánicos como de los nutrientes capacitan la producción de biodiesel en todos los países.

El cultivo de algas para Biocombustibles usa el potente motor de la fotosíntesis para hacer industrialmente lo que las plantas hacen naturalmente: reciclar el Carbono.

El biodiesel algal es carbono neutral. El dióxido de Carbono CO_2 que hay en la atmósfera es capturado y convertido en proteínas, carbohidratos y lípidos (aceites) por la fijación de carbono usando clorofila-a y otros pigmentos que conducen la fotosíntesis. El Carbono es "reducido" y el agua es "oxidada" fijando Carbono en las moléculas de la vida

El biodiesel algal usa los lípidos para la transesterificación y los convierte en biodiesel estable.

El consume o la combustión de biomasa algal oxide los compuestos orgánicos reformando el CO_2 que retorna a la atmósfera. El Ciclo de Carbono de las Algas es Carbono Neutral-No Nuevo CO_2.

El Mercado de los combustibles de transportación en USA solamente está por encima de los $1.8 billones de dólares por día. Las algas para la producción de biodiesel podrían introducir puestos de trabajos locales, y una producción diversa de combustibles y biodiesel de carbono neutral para seguridad económica y energética.

Capítulo Siete - Técnicas de Cultivo de Algas

Cálculos de la Tasa de Crecimiento:

El cálculo del cultivo de las algas, se hace con la ecuación de primer orden: dCV/dt= uCV, donde u es la "tasa de crecimiento específico" y CV es el "volumen celular total por Litro".

Cuando usted Integra en el intervalo de tiempo entre t1 y t2, se obtiene la ecuación de crecimiento lineal logarítmica: lnCVt2 - lnCVt1 = u(T1-T2). Donde ln CV es el logaritmo natural del volumen de celdas por Litro. Si un cultivo de células está creciendo a razón constante el ploteo del ln CV dará una línea recta.

Un método simple para calcular las tasas de crecimiento:

Las algas, cuando se introducen en un medio de crecimiento del cultivo cómo un inoculante, arrancan con una "fase de aclimatación" donde las tasas de crecimiento están inicialmente inhibidas. Las células de algas están "choqueadas" cuando entran a un nuevo ambiente, y ese es el periodo de aclimatación, el cual ocurre a veces durante varios días a muchos días, con un nuevo cultivo introducido en un nuevo medio de crecimiento.

El crecimiento de las algas, después de una fase de Aclimatación, entra en una "fase de crecimiento exponencial," donde la población se multiplica rápidamente, con un incremento de la tasa de crecimiento. En esta fase de crecimiento exponencial es donde los investigadores encuentran sus condiciones ideales.

Durante está fase de crecimiento Exponencial la "tasa de incremento" en células por unidad de tiempo es proporcional a la cantidad de células presente en el comienzo de la unidad de tiempo. El crecimiento poblacional de las algas sigue la siguiente ecuación: $dn/dt = rN$. La solución a esa ecuación es bien conocida: $N(1) = N(0) e$ a la rt.

Se mide la población inicial de sus algas N(o), en el tiempo de arrancada (T1), luego se mide la población de algas N (1) al final de su período de tiempo. La cantidad $N(t)$ – es lo que usted ha producido- será igual a $N(o)$, con lo que usted empezó, teniendo una tasa de crecimiento (r) en el período de tiempo (t).

Una vez que haya medido $N(o)$ y $N(1)$, sobre el período de tiempo T se resuelve la relación para su tasa de crecimiento (r).

Después de la fase de crecimiento exponencial, los nutrientes disponibles, u otros factores de gran interés para los investigadores, son "limitados" y la tasa de crecimiento bruscamente baja o súbitamente se detiene. Si no se suministran nuevos nutrientes, entonces el cultivo de algas cae rápidamente en un desplome.

Un biólogo dijo una vez que "los sistemas biológicos, cuando son estimulados, o se adaptan o mueren". Esto es muy cierto con el cultivo de algas. El temprano pionero cultivador de algas apuntó: "El crecimiento está limitado por aquello que más requiere" - Blackman (1905).

Las tasas de crecimiento de algas no son las mismas que las de Acumulación de Biomasa.

Las tasas de crecimiento hablan Acerca del número de divisiones de las células. A la Biomasa de Algas le concierne la "masa" total en términos de masa seca de alga presente a los tiempos inicial y final del período que estudiamos.

El Rendimiento Algal está determinado por la medición de la masa seca inoculante al comienzo del cultivo de algas, y midiendo la masa seca al final del período de cultivo. El Crecimiento Balanceado o No balanceado del cultivo de algas está determinado por el estado – y - etapa

De crecimiento de algas que ocurre en su fotobiorreactor.

La tasa específico de Crecimiento es una "tasa de cambio" de la biomasa y está determinada por la magnitud de los procesos "anabólicos" (fotosíntesis) y por los procesos "catabólicos" (respiración): $U=P-R$, donde U es la "tasa específica de crecimiento" y P es la fotosíntesis y R la respiración.

El ciclo solar diario de irradiación produce un "desbalance" diario de fotosíntesis versus respiración. Esto asegura que el crecimiento "desbalanceado" es un gran "mecanismo de gatilleo" en el crecimiento de las algas.

Las especies de algas están muy marcadas por su habilidad para "aclimatarse" a las condiciones de su ambiente. Esta característica es explotada por los cultivadores de algas, mediante la repetición de condiciones cada día, como "entrenando" a las algas. Los grupos taxonómicos de algas responden con salidas más predecibles.

Las algas siguen un ciclo de crecimiento tradicional de 5 fases. Ellas son aclimatación, punto de compensación, crecimiento exponencial, saturación y colapso (si no se añade nada más). Estas cinco fases de crecimiento siguen una curva clásica.

La Aclimatación ocurre cuando usted inocula su medio de cultivo con una pequeña cantidad de especie pura. La compensación ocurre cuando la fotosíntesis excede a las energías requeridas por la célula para la respiración y la reproducción.

El crecimiento exponencial ocurre próximo al momento en que todas las algas disponibles consumen todos los nutrientes disponibles. Esta fase es del mayor interés para los investigadores en algas. En cuanto el máximo se alcanza, un punto de saturación ocurre donde la tasa de crecimiento disminuye. La fase final es el colapso. En cuánto los nutrientes se agotan las células de micro algas comienzan a perecer, típicamente comienzan a desaparecer.

Manipulando las células a través de la limitación de algunas variables (usualmente nutrientes) usted puede "entrenar" a sus algas para dar una respuesta a diferentes estímulos.

Trabajos tempranos en Cultivo de Algas

El Pionero Cultivador de Algas, Otto Warburg (1931), ganó el Premio Nobel en investigaciones por la explicación de la Fotosíntesis Oxigénica, describiendo las trayectorias respiratorias, usando las algas verdes de la especie Chlorella. Warburg es un héroe en el campo de la ficología.

El crecimiento de algas y los cultivos de micro algas con métodos de laboratorio, encuentra sus raíces en técnicas desarrolladas a finales de los años 1800s, y principios de los 1900s.

La historia más temprana de las algas con la humanidad comenzó probablemente con el hombre del Paleolítico cosechando naturalmente las algas que veía en los estanques y en los rebalses de las mareas. Secadas al sol, las algas pudieron ser añadidas a los nutrientes vitales y consideradas en las recetas y condimentos antiguos.

El cultivo de algas en la era moderna comenzó en los 1950, en la Bahía de Tokio, y continúa hasta el día de hoy en Japón, y a lo ancho de todo el mundo. Recientes avances en los métodos de cultivo de algas ha movido al cultivo de algas (algacultura) en un rápido crecimiento de mercados de aminoácidos, proteínas, antioxidantes, lípidos ricos en Omega-3, y otras moléculas orgánicas.

Las algas se están convirtiendo en la reserve alimentaria de opción para suministrar cosméticos, nutracéuticos, acuicultura y productos de biodiesel

Ferdinand Cohn (1850), el padre fundador de la bacteriología, exitosamente mantuvo y escribió Acerca de los flagelados unicelulares del Chlorophyae - Haematococcus pluvialis en su laboratorio de Wroclaw, Polonia. El Haematococcus pluvialis es una valiosa alga por su producción de Astaxantina.

Famintzin (alrededor del 1871), St. Petersburgo, Rusia describió sus tratados Acerca del crecimiento de algas en una solución de varias sales orgánicas disueltas.

Muchos crecimientos de algas se realizan usando un ciclo de fotoperíodo de 12 horas de luz y 12 horas sin ella. Sin embargo, alargando o acortando esa tasa tiene un impacto sobre la fisiología de las células y su respuesta. Si las "horas de sol" se incrementan el alga reconoce que el verano está llegando e incrementa su respuesta fotosintética. Si las "horas de sol" se acortan las algas reconocen que el tiempo de "invierno está llegando" y producen más lípidos.

Las técnicas de cultivo incluyen la inoculación de su medio de cultivo, medición de la masa de inicio, y el establecimiento del fotoperíodo. Mida todos los macro y micro nutrientes, los iones metálicos, las vitaminas, así como el volumen de masa transferida de CO_2 y de O_2 de su sistema. La medición de su masa final, a través del Tiempo T1-T2, le permitirá calcular su Tasa de Crecimiento.

Capítulo Ocho – Preguntas y Respuestas Frecuentes sobre Fotobiorreactores.

Pregunta: ¿Qué es un Fotobiorreactor?

Un Fotobiorreactor (FBR) es un biorreactor estimulado por fuentes de luz. Usualmente esta fuente de luz produce energía fotónica de Radiación Fotosintéticamente Activa (RFA) en el rango de longitudes de onda de 400 nm a 700 nm.

Un fotobiorreactor básico incluye los recipientes de crecimiento óptico, entradas de aireación, aberturas de salida, filtros bacterianos, Fuentes de Luz, Temporizador de Luz, y estructura Mecánica.

Pregunta: ¿Qué son los Kits de Cultivo de Algas?

Un Kit de Cultivo de Algas de Fotobiorreactor es un equipamiento completo de FBR que usted ensambla. Estos Kits incluyen una Estructura Mecánica, y un Sistema de Luz que produce una luz RFA nominal de 200 micro-moles/m2/seg.

Los Kits FBR incluyen un Temporizador Duro y sistema de potencia para controlar su fotoperíodo (usualmente 12 horas de luz y 12 horas de oscuridad) y enchufe de potencia con fusibles.

Los Kits FBR incluyen un sistema neumático de dos (2) bombas d aire, Cuatro (4) válvulas de cheque y Cuatro (4) filtros biológicos (0.22 Micrones) para eliminar las bacterias del sistema de aireación antes de entrar a los Recipientes de Cultivo con cuatro (4) tubos de vidrio Pyrex para la aireación dentro de los recipientes de crecimiento.

Pregunta: ¿Por qué construir un Kit FBR?

Usted puede obtener sus propios materiales, y construir su propio Kit de FBR. Este kit FBR contendrá todo el equipamiento básico de laboratorio que usted necesita para el cultivo de grupos taxonómicos de algas en un ambiente controlado, con bajo Costo de Capital.

Los FBR de grado comercial, en el mercado, son típicamente caros y ofrecen algunas novedades y características que no son imprescindibles, tales como sistema de adquisición de datos, si usted usa las técnicas de la "vieja escuela" tales como pruebas de titración.

Pregunta: ¿Puedo Yo hace el escalado de un Kit de FBR?

Sí. Los Kits de FBR son escalables en capacidad por la simple adición de más. Cada kit tiene una huella de 8 pies cuadrados (0.743 m2) y una capacidad de 80 Litros. Para alcanzar mayor capacidad use múltiples kits de FBR. Si necesita 800 Litros de capacidad de crecimiento de algas use 10 Kits.

Ejemplo de Gran Escala: (Nota: Los kits de FBR son para uso interior solamente, este Ejemplo asume un espacio de trabajo interior apropiado).

Un acre se extiende aproximadamente en 43,559 pie cuadrado (4051 m2). Con espacio para su separación, (70% de aprovechamiento neto) entre los FBRs, usted puede instalar 3,812 kits de fotobiorreactores del Modelo X-80 PBR Kits para una capacidad de producción de 304,960 Litros. La Cosecha de Biomasa Algal con nutrientes, agua y calidad de aire bien gestionados, y operaciones in situ, puede estar en un rango en dependencia de las habilidades y delas especies.

Por ejemplo, (el resultado puede variar, pero esto es solo con propósitos de ilustración) una Chlorophyta puede ser cosechada a 1 gramos por Litro en cultivos bien manejados. (Sustancialmente mayores concentraciones son reportadas en la literatura especializada al respecto).

Un ciclo de crecimiento de Un gramo/Litro/ podría rendir una biomasa algal bruta (Peso Seco) de 304,960 gramos (304 Kg)/acre/ciclo de crecimiento. Usando 25 Días/Mes a esa tasa de rendimiento se obtienen por Ejemplo, 7,600 Kg por Mes, (91,200 Kg/año) de Biomasa Algal.

La viabilidad comercial de cualquier Sistema de cultivo de Algas a gran escala requiere de un equipo de personas para el control, manejo y gestión del proceso de cultivo, nutrientes adecuados, entradas de agua (y CO_2 opcional), y equipamiento para el procesamiento de la cosecha de algas, desagüe y secado. Si usted quisiera explorar los costos a larga escala por favor contacte con nuestras oficinas.

Pregunta: ¿Cuanta biomasa puedo cultivar con el Kit de FBR?

El biólogo ingles Blackman, a la vuelta de la 20a centuria, dijo que "la fotosíntesis es un proceso limitado por aquello que más requiere." Las tasas de crecimiento dependen de cuán bien usted haya balanceado todos los factores, incluyendo los nutrientes requeridos (macro y micro), los iones disueltos y las vitaminas.

Las longitudes de onda e intensidades de la luz RFA, con el fotoperíodo que haya seleccionado influirán en su cultivo de algas. La salud de su inóculo cuando usted comienza, y la gestión de la transferencia de masa de CO_2 desde la atmósfera durante el crecimiento (aireación durante la respiración de la célula) en forma de CO_2 y O_2 disueltos, así como el pH del medio de cultivo a través de todo el ciclo de cultivo dictarán los resultados de su cultivo.

El crecimiento de la biomasa algal (masa seca) de 1 gramo/Litro, por ciclo es repetible, pero puede variar a más bajo o más alto dependiendo de sus habilidades, el grupo taxonómico, y el balance de los parámetros del sistema tales como temperatura, pH y la mezcla seleccionada de nutrientes. Los rendimientos reportados para FBR están en el rango de 5 a 10 gramos/Litro. Sus resultados dependen de su medio de cultivo, el grupo taxonómico, la luz RFA, el fotoperíodo y sus habilidades. Usted puede alcanzar una cifra repetible de 3-4 gramos/litro con este equipamiento.

Pregunta: ¿Cuánta luz produce el kit FBR?

El Kit de Fotobiorreactor (FBR) incluye dos (2) estructuras de Luz Fluorescente T8 de Alta Eficiencia con Balastro. Cuatro (4) tubos T8 de alta eficiencia con salida espectral de 6500K se incluyen en el kit. Usted puede sustituir los tubos con diferentes perfiles espectrales fácilmente usando el tamaño T8. La salida a la altura nominal es de 200 micro-moles fotones/m2/Segundo de luz RFA que puede ajustarse, en más o en menos, usando diferentes segmentos o mediante la suspensión de la luz a diferentes alturas, por una cadena de suspensión que está incluida. Los bulbos o tubos de luz están tasados para 20,000 horas de uso.

Pregunta: ¿Cuánto tiempo toma ensamblar los Kit de FBR?

Los Kits de FBR son fáciles de ensamblar y relativamente rápido. El ensamblaje de un kit completo toma alrededor de dos horas si usted va despacio y establemente. Nota: cuando usted está listo para inocular desensamble las conexiones de los recipientes de cultivo y use el Sanitarizador (100% No-Tóxico) siguiendo las instrucciones incluidas, el cual se evapora y deja su superficie de trabajo lista para una conexión rápida, y entonces usted está listo para inocular su cepa de inicio.

Pregunta: ¿Qué está incluido en el sistema neumático de los Kits de FBR?

Los kits de FBR incluyen un sistema de aireación de alta eficiencia por bombeo, compuesto por dos (2) bombas de aire, cuatro (4) válvulas de cheque, cuatro (4) Filtros bacteriales de 0.22 Micrones (uno para cada recipiente de cultivo), con veintidós (22") pulgadas (0.559 m) de tubería plástico de grado alimentario No Tóxico PBR y accesorios, y cuatro (4) tubos de vidrio Pyrex para la aireación dentro de los recipientes de crecimiento, igual que según la Lista de partes en el Capítulo Tres.

Pregunta: ¿Cómo control la Temperatura?

Estos kits de FBR para algas están diseñados para uso interior. Para controlar la temperatura de los recipientes de crecimiento de su fotobiorreactor usted puede controlar la temperatura ambiental de su laboratorio o puede adicionar elementos de calentamiento tales como platos calientes que usted puede obtener localmente.

Muchas algas crecen a niveles de temperatura de alrededor de los 20 grados C.

Pregunta: ¿Cómo yo cosecho los Fotobiorreactores?

Cada recipiente de vidrio para el crecimiento, de 20 ó de 25 Litros, (El Kit contiene 4 Recipientes) viene equipado con Tapones especiales de fácil liberación. (Use plástico de grado alimentario 100% no tóxico). Cuando usted desee acceder a sus recipientes de cultivo, ya sea cargando su medio de cultivo, tomando muestras o cosechando, quite el Tapón e inserte su Pipeta u otro utensilio de vidrio para bombear o realice la extracción manual de su cultivo. Reponga el Tapón cuando haya terminado su extracción. No apague las bombas de aire. Pueden funcionar 24/7

Pregunta: ¿Cómo puedo agitar el Cultivo?

La estructura Mecánica incluida en el diseño del kit de FBR permite el fácil acceso a todos sus componentes. The Mechanical Framing included in the PBR kit design, allows easy access to all components. Con igual cuidado sobre las conexiones neumáticas que provienen de las bombas de aire, usted puede fácilmente "Girar" los recipientes manualmente dando a las algas gentil pero buen movimiento de agitación sin abrir los recipientes.

Pregunta: ¿Necesito Herramientas Especiales para Ensamblar los Kits de FBR?

No. Instrumento de corte, Cinta de Medir, Tijeras y guantes plásticos (recomendado). Una vez que haya ensamblado su estructura, usted puede ir uniendo las partes con pegamento de PVC localmente obtenido.

Capítulo Nueve – Guía Rápida para la Construcción de un Fotobioreactor

Los kits de Fotobiorreactor para cultivo de algas están diseñados para investigadores de este tema, que desean conducir experimentos, y necesitan el equipamiento para cultivar monocultivos de algas.

Use fotobiorreactores FBR de cultivo de algas para crear fotosíntesis controlada y campos de algas para obtener sus increíbles y valiosas proteínas, aminoácidos, lípidos y antioxidantes, vitaminas y otros asombrosos compuestos. Los Kits de Fotobiorreactor para Cultivo de Algas de 80 Litros están diseñados para desarrollar y cosechar monocultivos de algas presentes en su fuente de agua.

Paso Uno: Ensamble la estructura de tubería de PVC que usted disponga a partir de las tiendas locales. Corte las longitudes como se ha descrito en el Capítulo Tres.

Paso Dos: Ensamble los Recipientes de Vidrio para Cultivo, con tapones de 2 orificios (de plástico de grado alimentario 100% No Tóxico). Por uno de los orificios, deslice un Tubo de Vidrio (4 mm) hasta cerca del fondo del recipiente de vidrio, dejando 2 pulgadas (51 mm) por encima del tapón. Esta es su tubería de vidrio de entrada de aire. En el extremo del otro orificio inserte las Curvas de Pascal extendiéndolas hasta la base del tapón. Esta es la válvula de "salida" que permite liberar la presión interna de aire, y proveer una presión constante.

Las curvas de Pasteur previenen que las bacterias se arrastren hacia el recipiente.

Paso Tres: Ensamble las bombas de aire. Usted usará las dos bombas de aire, obtenidas en una tienda de suministro de acuarios, con una división y dos "Válvulas de cheque." Usted bombeará aire dentro de dos Recipientes de Crecimiento con una bomba. Desde cada bomba, y antes de cada recipiente, coloque en línea una válvula de cheque, y antes de cada recipiente, usted colocará un Filtro Bacteriano de 0.22 um. Esto eliminará cualquier bacteria o particular desde el aire entrante.

Paso Cuatro: Conecte, usando tubería de Grado Alimentario 100% no tóxica, el Filtro Bacterial a la tubería de Aire de Entrada en el Orificio Uno del Tapón. La longitud de la tubería plástica es de aproximadamente 22" (0.559 m).

El aire es ahora bombeado desde una bomba, a través de un separador para ir a los Recipientes de Cultivo. Cada "para" desde el "separador" de la bomba tendrá una válvula de cheque y un Filtro Bacterial. Con la tubería, cómo se ha descrito antes, conecte la parte de corrientes abajo de su Filtro Bacterial a la tubería de aire de Entrada en el Orificio Uno del tapón.

Paso Cinco: Ensamble los Soportes de Luz Fluorescente, y colóquelos en la parte superior de la Estructura Mecánica. Enchufe las unidades de luz a un Listón de Potencia, y éste a un Temporizador, finalmente enchufando este último a la fuente de corriente de la pared.

Paso Seis: Desconecte los tubos y la vidriería y remójelos en el esterilizador (de tipo evaporativo), antes de que usted cargue los recipientes con el Medio de Cultivo, e Inocule.

Ahí tiene un fotobiorreactor que usted puede construir por sí mismo. Cultive algas para sacar ganancia, haciendo crecer especies altamente valiosas.